La visión cristiana de la ciencia y la tecnología en Teilhard de Chardin

Agustín Udías S.J.

En Route Books and Media, LLC
Saint Louis, MO

En Route Books and Media, LLC
5705 Rhodes Avenue
St. Louis, MO 63109

Crédito de portada: Sebastian Mahfood con una imagen del Papa Juan XXIII y Pierre Teilhard de Chardin, vidriera de Sieger Koder en la iglesia del Espíritu Santo de Ellwangen, Alemania.

Copyright © 2024 Agustín Udías, S.J.

ISBN-13: 979-8-88870-185-0

Ninguna parte de este libro puede ser reproducida, almacenada en un sistema de recuperación de datos o transmitida de ninguna forma ni por ningún medio, ya sea electrónico, mecánico, por fotocopia o por otros métodos, sin el permiso previo por escrito de la autora. fotocopia u otros, sin la previa autorización del autor.

Contenido

Introducción 1

Capítulo 1: Ciencia y fe cristiana 5

Capítulo 2: Tecnología y evolución humana 21

Capítulo 3: Dimensión cristológica de la ciencia y la tecnología 27

Conclusión 31

Introducción

Hoy en día no cabe duda de la creciente influencia de la ciencia y la tecnología en la vida humana, que marca en gran medida su progreso. Aunque esto ha sido así a lo largo de toda la historia, se ha incrementado notablemente en los últimos cien años. En nuestra época, más que nunca, es la ciencia la que nos proporciona el conocimiento del universo y del lugar y el papel del hombre en él. La ciencia nos presenta la naturaleza y la estructura de la materia y del universo, y especialmente de los seres vivos, entre ellos los hombres. Nos presenta un universo inmenso, aunque finito, formado por miles de millones de galaxias, cada una con millones de estrellas alrededor de algunas de las cuales giran planetas, uno de los cuales es nuestra Tierra. Este universo ha evolucionado desde el principio, hace unos catorce mil millones de años, desde lo que llamamos el "big bang", cuando al principio sólo existían partículas elementales, hasta desarrollarse en él, con el tiempo, átomos, moléculas de complejidad creciente en estrellas y planetas. La vida ha podido desarrollarse en muchos planetas y los seres inteligentes al menos en nuestra Tierra.

La ciencia, que nos ha proporcionado tal visión del universo, se ha convertido hoy en un fenómeno mundial. Hoy en día se calcula que el número de científicos ha aumentado enormemente y está dado por unos nueve millones, repartidos por todos los países. Naturalmente, los países más ricos tienen una mayor participación. Los países más desarrollados, conocidos como los del G20, cuentan con el 89% de todos los investigadores y producen el 91% de todas las publicaciones científicas. Los países en desarrollo, sin embargo, están aumentando también su participación. La tecnología, con las aplicaciones prácticas de la ciencia, ha hecho posible hoy, niveles insospechados de bienestar humano que se están poniendo al alcance de toda la población mundial. La ciencia y la tecnología se consideran a veces como un solo fenómeno bajo el nombre de "tecnociencia". Para reconocer su importancia, basta con reconocer los numerosos avances en medicina, en transporte terrestre, marítimo, aéreo y espacial, y los nuevos desarrollos en informática, redes sociales, inteligencia artificial e ingeniería genética, por mencionar sólo algunos de ellos. La ciencia y la tecnología, aunque en diferente proporción, se han ido extendiendo rápidamente por todos los países, no sólo los más desarrollados, contribuyendo al proceso de globalización que está unificando las diferentes tierras, naciones y razas en lo que ya se ha dado en llamar una "aldea global" como ya afirmaba Marshall McLuhan en 1962[1].

---

[1] Marshall McLuhan y Bruce Power, *La aldea global: Transformations in the World Life and Media in the 21st Century* (Oxford: Oxford University Press, 1992)

Capítulo 1

Ciencia y fe cristiana

El problema de la relación entre la ciencia, la tecnología y la fe cristiana ha experimentado un profundo cambio en los últimos años. No se trata del problema de ciertas dificultades que puedan existir entre algunos enunciados de la ciencia y la teología, sino de un cuestionamiento general más sutil y difícil de analizar. En la actualidad, el peligro no está en las dificultades concretas, sino en una ideología general y en una presuposición extendida que a menudo acompañan al mundo de la ciencia y la tecnología. Las ciencias naturales que proporcionan hoy el conocimiento del mundo se autoproclaman, sin formularlo científicamente, como la fuerza viva que marca el progreso del mundo. Esta ideología está presente en gran parte de las personas activas en los distintos campos de las ciencias naturales y la tecnología que colaboran en la construcción del mundo. Los científicos e ingenieros, por sus grandes logros en la comprensión y aplicación de las leyes de la naturaleza, han desarrollado una autoconciencia en sus métodos y realizaciones que les lleva a considerarse a sí mismos y a su trabajo como prevalentes sobre los demás. El Concilio Vaticano II, en su constitución pastoral "La Iglesia en el mundo actual" (*Gaudium et Spes*) llama la atención sobre esta posición: "El progreso moderno de las ciencias y de la técnica, que debido a su método, no pueden penetrar en las íntimas causas de las cosas, pueden fomentar cierto fenomenismo y agnosticismo cuan- do el método de investigación usado por estas disciplinas se tiene sin razón como suprema regla para hallar toda verdad. Es más, hay el peligro de que el hombre, confiando con exceso en los inventos actuales, crea que se basta a sí mismo y deje de buscar ya cosas más altas"[1]. Así, la Iglesia reconoce este problema que toca para muchos las raíces mismas de la fe. Se trata de un problema mucho más importante que las dificultades concretas, porque crea en el hombre moderno una estructura espiritual que puede entrar en conflicto con la misma fe cristiana. Las ciencias exigen una su-

---

[1] La Iglesia en el mundo actual" (*Gaudium et Spes*), 57. www.vatican.va/archive/hist_councils/ii_vatican_council/documents/vat-ii_const_19651207_gaudium-et-spes_en.html.

misión total y presentan la seguridad que da el estar fundamentadas en su método observacional y matemático, que garantiza que los fenómenos sean tratados de forma objetiva y verificable. Las ciencias aportan la comprensión del mundo observable a través de un complejo proceso de observación, hipótesis y verificación, siempre abierto a una revisión cuando nuevos datos empíricos lo requieran. La fe cristiana, en cambio, se mueve en otro nivel, a saber, el reconocimiento de la salvación de Dios en Jesucristo. La ciencia puede crear también un tipo de fe que a menudo resulta en un dualismo espiritual, en el que su comprensión científica del mundo material puede separar de la fe en Dios.

Las consecuencias de esta postura pueden contribuir en los cristianos, especialmente en los que se dedican al trabajo científico y tecnológico, a una falta de síntesis personal entre la fe y la ciencia que puede desembocar finalmente en una ruptura de la unidad de su vida interior. Un aspecto de su vida se dedica al trabajo científico y otro se reserva para las actividades e intereses religiosos espirituales. Como resultado, se puede llegar a ignorar el problema en sí.

Podemos pretender que no hay conflicto entre las posturas científica y religiosa, ambas pueden existir juntas, una cerca de la otra en la misma persona sin ninguna influencia de una sobre la otra. Sin embargo, podemos ver que esta no es una buena solución, ya que la unidad y la armonía de la actitud personal se rompe de alguna manera y puede resultar una especie de esquizofrenia espiritual. La búsqueda de mantener aisladas estas dos fuerzas de nuestra vida espiritual significaría perder gran parte de su fuerza y de la luz que su armonía e integración deberían aportar. Por un lado, debemos aportar por la fe la posibilidad de integrar en la vida espiritual los logros positivos del ámbito del trabajo científico y, por otro lado, sacar del trabajo científico la fuerza y la inspiración que iluminarán por la fe el futuro de los hombres y del universo. También debemos aportar con nuestra fe, el testimonio de un sentido espiritual para un mundo construido mediante la tecnología. Sólo cuando nuestra posición religiosa, de alguna manera, incorpore la posición científica y técnica, podrá su testimonio tener influencia en el mundo tecnológico de hoy. El mundo actual está, sin duda, estructurado y construido a través de la influencia del pensamiento científico y de los logros del progreso tecnológico. El Concilio lo reconoce claramente cuando dice: "La turbación actual de los espíritus y la trasformación de las condiciones de la vida están vinculadas a una revolución global más amplia que da creciente importancia, en la forma del pensa- miento, a las ciencias matemáticas, a las ciencias naturales y aun a las ciencias humanas y en el orden práctico a la técnica y a las ciencias de ella derivadas. El espíritu científico modifica profundamente el ambiente cultural y las maneras de pensar. La técnica, con sus avances, está transformando la faz de la tierra e intenta ya la conquista de los espacios inter- planetarios"[2]. No se puede negar hoy que son la tecnología y la ciencia las que estructuran y modifi- can de manera amplia la cultura y el pensamiento. En consecuencia, el testimonio de nuestra fe en este mundo debe participar de todos sus esfuerzos e inquietudes. Nuestra fe misma debe participar de los esfuerzos y logros de la construcción del mundo a través de la ciencia y la tecnología.

Para llegar a esto, necesitamos adquirir nosotros mismos una armonía entre estas dos aspiraciones

---

[2] "La Iglesia en el mundo actual" (*Gaudium et Spes*), 5.

humanas. Para llegar a esta armonía, necesitamos profundizar, por un lado, en la fuerza y las posibilidades de la ciencia y la tecnología y, por otro, en el aspecto central de nuestra fe cristiana. Experimentamos paso a paso hoy un continuo descubrimiento de la creciente importancia de la ciencia y la tecnología en el mundo. No debemos tener miedo de reconocer su importancia, ni de tratar de imponer a priori límites a dónde puede llegar. Tenemos que admitir que la ciencia ha cambiado hoy en gran parte hasta la propia conciencia humana. Ante esta situación, podemos preguntarnos si, desde la fe cristiana, podemos encontrar un sentido positivo al fenómeno científico y tecnológico, que, desde un punto de vista religioso, muchos miran con cierta precaución y temor por fomentar una visión materialista del mundo.

Pierre Teilhard de Chardin (1881-1955), geólogo y paleontólogo jesuita, se planteó muchas veces este problema desde su visión de cristiano y científico[3]. En primer lugar, Teilhard era consciente de la im-

---

[3] Robert Speaight, *Teilhard de Chardin. A Biography* (Londres : Collins, 1967), Claude Cuénot, *Pierre Teilhard de Chardin. Les grandes étapes de son évolution* (París: Plon, 1958).

portancia del papel de la ciencia hoy en el mundo, cuando afirma: "Después de un siglo, en el mundo, la investigación científica se ha convertido, tanto cuantitativamente (por el número de personas que se dedican a ella) como cualitativamente (por la importancia de los resultados obtenidos), en una de las formas más grandes, sino la principal, de la actividad reflexiva en la tierra"[4]. De este modo, para Teilhard, la investigación científica no es una parte del quehacer humano, por importante que sea, sino que, como lo expresó en un ensayo con el título explícito "El valor religioso de la investigación científica", constituye el "gran negocio del mundo" (*la Grande Affair du Monde*), "la función vital humana, tan vital como la nutrición y la reproducción"[5]. La importancia de la ciencia para el desarrollo de la vida

---

[4] El texto inglés de las citas de Teilhard es mi traducción del texto original francés. Las referencias remiten a la edición francesa de las obras de Teilhard: *Œuvres de Pierre Teilhard de Chardin* (París: Édition de Seuil, 1955-1976). "Recherche, travail et adoration", *Œuvres*, 9, 284.

[5] "Sur la valeur religieuse de la recherche", *Œuvres* 9, 258.

humana difícilmente puede expresarse con mayor rotundidad. Si Teilhard decía esto en 1947, hoy, setenta y seis años más tarde, tras enormes progresos científicos, es aún más cierto.

Teilhard se planteó el problema de la relación entre la ciencia y la fe cristiana de forma explícita en 1921 en una conferencia titulada: "Ciencia y Cristo o análisis y síntesis"[6], donde se dirige a sus oyentes, como él mismo dice: "para hacerles amar cristianamente la ciencia", descartando cualquier actitud de desconfianza y temor, como si la ciencia fuera enemiga de la fe. En esta conferencia, Teilhard comienza reconociendo los límites del análisis científico que busca ante todo encontrar los elementos constitutivos más simples de las cosas y del mundo. Esto es, según él, "necesario y bueno, pero no puede conducirnos a donde nos interesa", especialmente, en la consideración religiosa, donde es necesario un enfoque de síntesis para encontrar incluso un verdadero sentido a la propia ciencia. De este modo, continúa Teilhard, se engañan a sí mismos quienes piensan que "la ciencia es tan fuerte que por sí sola

---

[6] "Science et Christ ou analyse et synthèse", *Œuvres*, 9, 45-62.

puede salvarnos"⁷. Toque de atención para quienes quieren encontrar en la ciencia un sustituto de la religión. Por eso, aceptando todos los conocimientos que la ciencia nos está proporcionando sobre el mundo, "la ciencia misma no debe perturbarnos en nuestra fe con sus análisis, sino que, por el contrario, debe ayudarnos a conocer, comprender y apreciar mejor a Dios". Teilhard, finalmente, concluye, de una forma que puede asombrar a muchos con tendencias espiritualistas tan comunes hoy en día: "Estoy convencido de que no hay alimento natural más poderoso para la vida religiosa que el contacto con realidades científicas bien comprendidas"⁸. Merece la pena tomarse esto en serio y dejar de ver la ciencia como algo completamente ajeno a toda consideración religiosa.

Esto podría decirse de cualquier tipo de religión, pero Teilhard da un paso más al considerar la relación especial entre el conocimiento científico y la fe cristiana. Para el cristianismo, Dios no sólo es el creador, sino que también se ha encarnado en el mundo en Cristo, y así Teilhard puede afirmar que

---

⁷ Ibídem, 54, 57.
⁸ Ibídem, 61-62.

Dios, "por su encarnación, es interior al mundo, está enraizado en el mundo hasta el corazón del átomo más pequeño". Para el cristiano, por tanto, por su encarnación, Dios se ha unido en Cristo al universo material que, a través de la ciencia, sabemos que es dinámicamente evolutivo. Por tanto, Teilhard puede concluir: "Es injusto oponer ciencia y Cristo o separarlos como dos dominios extraños el uno al otro"[9]. Así que Teilhard todavía puede dar un paso adelante, y en el ensayo mencionado, concluye: "porque la investigación científica (seguida con fe) es el único terreno en el que puede elaborarse la mística humano-cristiana que puede crear mañana una verdadera unanimidad humana"[10]. Esto puede resultarnos difícil de entender, pero hay que tener en cuenta que Teilhard se sitúa en una nueva mística cristiana, como se verá más adelante.

En particular, refiriéndose a la visión evolucionista de la vida y del universo, que la ciencia nos presenta hoy, y que a veces se considera opuesta a la fe cristiana, Teilhard en otro escrito afirma: "Cristia-

---

[9] Ibídem, 62.

[10] "Sur la valeur religieuse de la recherche", Œuvres 9, 263.

nismo y evolución no son dos visiones irreconciliables, sino dos perspectivas que encajan y se complementan"[11]. La figura de Cristo, bajo la invocación tan querida por Teilhard del "Cristo cósmico", le permite afirmar: "Los grandes atributos cósmicos de Cristo (especialmente presentes en San Pablo y San Juan) son los que le otorgan una primacía universal y final sobre la creación"[12]; para finalmente afirmar: "La evolución es hija de la ciencia, pero después de todo, bien puede ser la fe en Cristo la que salve mañana nuestro aprecio por la evolución"[13]. Para Teilhard, la propia ciencia debe entenderse en el contexto de la evolución como uno de sus elementos esenciales: "La investigación científica es la expresión misma (en el plano de la reflexión) del esfuerzo evolutivo, no sólo para subsistir sino para ser más, no sólo para sobrevivir sino para sobrevivir irreversiblemente"[14]. Teniendo en cuenta la naturaleza evolutiva dinámica del mundo conocido por la ciencia, para Teilhard, el propio misterio cristiano de

---

[11] "Catholicisme et science", Œuvres, 9, 240

[12] Ibídem, 239.

[13] Ibídem, 240, 241.

[14] "Sur la valeur religieuse de la recherche", Œuvres 9, 258.

la encarnación adquiere un significado especial, ya que también debe entenderse dentro del proceso evolutivo del mundo. En 1953, una visita al ciclotrón de Berkeley, California, lleva a Teilhard a considerarlo como un símbolo del progreso científico y técnico, y así, ve en él: "Toda una gama de conocimientos y técnicas, todo un espectro de energías, también, que convergen allí donde me encuentro"[15]. Frente a este símbolo de la investigación más avanzada de la época en el campo de la física, Teilhard descubre un nuevo sentido y una dimensión más profunda de la investigación científica: "A mis ojos, lo que llamamos simplemente "investigación" aparecía cargado, coloreado y encendido de ciertas potencialidades (fe, culto) hasta ahora consideradas como extrañas a la ciencia... Al mirarlo con más atención, veo esta investigación, forzado por una necesidad interior, concentrando, en definitiva, sus esfuerzos y esperanzas en la dirección de un foco divino"[16]. Aquí vemos cómo Teilhard descubre en la

---

[15] "En regardant un cyclotron", *Œuvres*, 7, 367-377, 369.

[16] Ibídem, 376-377.

propia investigación científica un valor religioso intrínseco.

En uno de sus últimos ensayos, escrito en 1955, el mismo año de su muerte, con el título "Investigación, trabajo y adoración", Teilhard da un paso más y encuentra en la investigación científica una forma de adoración[17]. Comienza reconociendo la importancia de la investigación científica en el mundo moderno, tan evidente hoy en día. Luego añade que para un cristiano: "religiosamente hablando, los resultados y las realizaciones de la ciencia pueden considerarse como un accesorio o un incremento del Reino de Dios, ya que al encontrarnos en un universo convergente tal como lo revela la ciencia (y sólo en un universo así) Cristo encuentra la plenitud de su acción creadora, gracias a la existencia, finalmente percibida, de un centro natural y supremo de la cosmogénesis donde puede situarse". Por universo convergente, Teilhard entiende uno que por su evolución convergerá finalmente en lo que él llama el "Punto Omega", es decir, una culminación final trascendente en Dios. Su fe cristiana identifica el

---

[17] "Recherche, travail et adoration", *Œuvres*, 9, 283-289.

Punto Omega con Cristo, de modo que la cosmogénesis de la evolución se convierte en lo que él llama una verdadera "Cristogénesis".

El punto central de la fe cristiana, es el Misterio de Jesucristo, Dios encarnado en el mundo. Estamos acostumbrados a considerar a Cristo como Dios hecho hombre, y pocas veces consideramos su consecuencia de que Dios se une a una parte del universo material. Así como en Cristo hay una divinización del hombre, también hay una divinización de la materia. La materia que en el hombre es portadora del espíritu, es a partir de la encarnación, el medio de la revelación definitiva de Dios al mundo. En Jesucristo, punto convergente de todo el proceso de evolución del universo, tiene lugar realmente la unión de Dios con los hombres y a través de ella, la unión con todo el universo material. Por eso Teilhard puede decir: "Te saludo Materia, Medio divino, cargado de poder creador, océano agitado por el Espíritu, arcilla amasada y animada por el Verbo encarnado"[18]. Así, la santificación del hombre considerada como eje de la evolución del universo no

---

[18] "*La puissance spirituelle de la matière*" Œuvres 12, 479.

es algo del futuro, como solíamos pensar, sino que por la fuerza de Dios que se hace hombre en Cristo está ya presente por medio de la fe. A este respecto dice San Pablo: "Dios nos ha dado a conocer su propósito oculto, que se llevará a cabo cuando llegue el momento oportuno: a saber, que el universo, todo lo que hay en el cielo y en la tierra, sea llevado a la unidad en Cristo" (Ef. 1,9). De este modo, Teilhard puede concluir finalmente que, mediante el pensamiento y la oración cristianas, para aquel, al que llama "el creyente del mañana", la investigación científica se convierte en "una forma nueva y superior de adoración"[19].

---

[19] "Recherche, travail et adoration", *Œuvres*, 9, 289.

Capítulo 2

Tecnología y evolución humana

Además de la ciencia, su aplicación práctica de la tecnología es para Teilhard hoy un elemento clave de la evolución humana. Esta idea la desarrolla en su ensayo de 1948, "Lugar de la técnica en una biología general de la humanidad"[1]. Comienza reconociendo el papel de la tecnología en el mundo moderno: "El hombre ha entrado en la era de la industria con su aspecto de socialización" y se pregunta: ¿Cuál es el significado de este importante hecho que inaugura un nuevo período? para responder: "El progreso industrial no es algo accidental, sino que constituye un acontecimiento susceptible de reunir las mayores consecuencias espirituales"[2]. Para Teilhard el progreso tecnológico es una parte fundamental del proceso evolutivo mundial a nivel humano y por ello puede decir: "Para comprender el lugar de la técnica en la sociedad humana es necesario remontarse al

---

[1] "Place de la technique dans une biologie générale de l'humanité", Œuvres 7, 161-169.

[2] Ibídem, 161.

proceso general de la evolución mundial" y concluye: "La tecnología tiene un papel biológico; por tanto, pertenece por derecho propio al campo de lo natural"[3]. Esto es importante porque la tecnología se considera a menudo en el nivel de lo artificial y, por tanto, fuera e incluso contraria a lo natural y ecológico. Teilhard, por el contrario, considera la tecnología precisamente dentro del proceso natural de la evolución como su expresión a nivel humano. Ya en su obra fundamental, *El fenómeno del hombre,* Teilhard considera la evolución moderna de la "noosfera", término que utiliza para designar la envoltura pensante de la tierra, al igual que la biosfera es su envoltura viviente, y reconoce que en la actualidad nos encontramos en un "cambio de época", sobre todo, debido al progreso tecnológico que exige un cambio de pensamiento: "La era de la industria. La era del petróleo, la electricidad y el átomo. La era de la máquina. La era de las grandes colectividades y de la ciencia... Una tierra humeante de fábricas. Una tierra acelerada por los negocios. Una tierra vibrando con cientos de nuevas radiaciones. Este gran organismo no vive definitiva-

---

[3] Ibídem, 166.

mente sino por y para un alma nueva. El cambio de época está exigiendo un cambio de pensamiento"[4]. El desarrollo tecnológico constituye así un elemento importante en el nuevo proceso dinámico e irreversible a nivel planetario, como parte de la evolución cósmica, que a nivel humano Teilhard llama "socialización" y "planetización" y que hoy conocemos también, como "globalización". Para él, la evolución cósmica continúa en la tierra a nivel humano de la Noosfera, como un aumento de la conciencia. Esto implica un progreso de la humanidad hacia un nuevo estadio más evolucionado que Teilhard denomina el "hiperpersonal" y el "ultrahumano". Desde este estadio, la humanidad convergerá finalmente hacia el Punto Omega que su fe cristiana identifica con Cristo. En esta evolución, que Teilhard describe como "una marea humana que nos eleva irresistiblemente... el ascenso implacable en nuestro horizonte de un verdadero Ultra-humano", la ciencia y la tecnología desempeñan un papel esencial. Así, se une al papel desempeñado por la ciencia y la tecnología en la evolución humana: "El desarrollo verdaderamente explosivo de la tecnología

---

[4] "Le phénomène humain" Œuvres 1, 238.

y de la investigación, el dominio a la vez teórico y práctico sobre los secretos y los recursos de la energía cósmica en todos sus grados y bajo todas sus formas, conduce correlativamente a la rápida elevación de lo que hemos llamado la temperatura psíquica de la Tierra"[5]. Con la "elevación de la temperatura psíquica de la Tierra" y lo "ultrahumano", Teilhard designa los estadios más avanzados de la evolución humana.

Ya se ha mencionado cómo el fenómeno moderno de la globalización, que estamos empezando a experimentar, puede interpretarse como un signo, incluso débil, de la convergencia humana postulada por Teilhard. A este signo podemos añadir otros, en gran parte también consecuencias del desarrollo científico y técnico, que están surgiendo en la sociedad humana y que también pueden interpretarse en este sentido, por ejemplo, el aumento de las comunicaciones globales, la creciente preocupación por los problemas mundiales y el fortalecimiento institucional de las organizaciones internacionales (Naciones Unidas, Tribunal Internacional de Justicia,

---

[5] "Sur l'existence probable, en avant de nous, d'un " ultra-humain" Œuvres 5, 359-360.

etc.). Sin embargo, los tiempos modernos también son testigos de muchas tendencias divergentes, como el nacionalismo, los gobiernos autocráticos, el terrorismo, la violencia y las guerras. La tecnología, que ha contribuido a crear muchas condiciones que fomentan la unidad humana, también es responsable de aspectos negativos como la industria armamentística y formas de vida que fomentan tendencias individualistas como el consumismo y las crecientes desigualdades sociales. Ante esta situación, podemos preguntarnos si existen motivos razonables para mantener la posición optimista de Teilhard. Hoy necesitamos un poco de su optimismo para poder ver, a través de los muchos signos oscuros, la luz que brilla en la distancia como esperanza para el futuro de la humanidad y el desarrollo de lo que él ha llamado lo ultrahumano. Es precisamente la fe cristiana la que puede asegurarnos ese futuro que se alcanzará finalmente mediante la unión de los hombres y de todo en Cristo, verdadero punto Omega de la evolución del universo.

Capítulo 3

Dimensión cristológica de la ciencia y la tecnología

La visión cristiana de Teilhard sobre la ciencia y la técnica tiene finalmente su fundamento en el reconocimiento de su importancia en la parte humana de la evolución cósmica que tiene su término en la convergencia en el Punto Omega que es Cristo, es decir, la "dimensión cristológica del universo"[1]. Teilhard introduce el papel de la fe cristiana, precisamente, en el contexto de la convergencia de la evolución humana con la que está en consonancia, y de este modo, constituye la "religión del futuro", al reconocer implícitamente, lo que él llama el "sentido humano"[2]. Este sentido humano es lo que impulsa al hombre a su consumación en una unidad final y, para los cristianos, esto se logrará en la unión final de los hombres en

---

[1] André Dupleix y Évelyne Maurice, *Christ présent et universel. La vision christologique de Teilhard de Chardin* (Paris : Mame-Desclée, 2008) ; François Euvé, *Por una espiritualidad del cosmos. Descubrir a Teilhard de Chardin* (Maliaño: Sal Terrae, 2023).

[2] "Le sense humain", *Œuvres,* 11, 21-44.

Cristo. Teilhard concluye que Cristo es el único que puede salvar realmente las aspiraciones humanas de nuestro tiempo, en las que la ciencia y la técnica desempeñan un papel crucial. Por eso, puede decir que "la luz de Cristo no es eclipsada por el brillo de las ideas del futuro, de la ciencia y del progreso, sino que precisamente ocupa el centro que mantiene su fuego"[3]. De este modo, Teilhard propone una interpretación cristiana de toda la evolución cósmica que desemboca en un Punto Omega que identifica con Cristo, Dios encarnado en el mundo. En la etapa humana de la evolución, la atracción por el Punto Omega que impulsa a la noosfera por la fuerza del amor hacia su convergencia final tiene lugar por la presencia histórica de Jesús de Nazaret. En él, se realiza la presencia en la noosfera del centro último hacia el que tiende. Él es, por tanto, la presencia del Punto Omega en la historia humana, atrayendo todo, incluso la ciencia y la técnica hacia sí por el amor, y en él todo encontrará su consumación final. De este modo, Teilhard resuelve finalmente la tensión entre la naturaleza libre del hombre y su convergencia hacia la unidad. En la interpretación de Teilhard, la cosmogénesis de la evolución se convierte en una verdadera "cristogénesis",

---

[3] Ibídem, 41.

ya que el polo o centro definitivo de la evolución se identifica con Cristo, es decir, Dios encarnado. La unidad en Cristo de todo el universo, incluida la humanidad, a través, entre otros elementos, de la ciencia y la tecnología, es lo que Teilhard denomina el "Cristo Universal o Total"[4].

Por último, la presencia de Cristo en el mundo lleva a Teilhard a considerar el mundo mismo, incluyendo en él todos los progresos de la ciencia y de la técnica, como lo que él llama un "mundo cristificado". Así, dirá que la presencia de Cristo-Omega convierte la dimensión cósmica del mundo en una dimensión "crística", de tal manera que lo cósmico expande y agranda lo crístico y lo crístico "se llena de amor" (*s'amorise*, término utilizado por Teilhard para expresar la expansión del amor), es decir, llena de energía (la energía del amor) hasta la "incandescencia" el campo de lo cósmico [5]. Para Teilhard, por tanto, lo que él llama lo crístico constituye una síntesis de la *convergencia cósmica* y de la *emergencia crística*. Une, de esta forma, la visión desde abajo, donde actúan de manera especial la

---

[4] "Le Christique", *Œuvres* 13, 93-118.
[5] Ibídem, 110-113.

ciencia y la técnica, con una visión desde arriba que viene de Dios. Une lo que se puede alcanzar contemplando el mundo en evolución (dimensión cósmica donde entran la ciencia y la técnica) y lo que la fe cristiana nos dice de Cristo (dimensión crística) presente en el mundo por su encarnación. Por lo tanto, Teilhard puede afirmar claramente: "En virtud de la Creación y sobre todo de la Encarnación, *nada es profano*, aquí en la tierra, para quien sabe verlo (podemos añadir ni la ciencia ni la técnica). Por el contrario, todo es *sagrado*, para quien distingue en cada criatura, la huella de haber sido elegida y sometida a la atracción de Cristo en el camino de la consumación"[6]. Las visiones negativas a la ciencia y a la técnica quedarían por tanto fuera de la visión cristiana del mundo de Teilhard.

---

[6] "Le Milieu divin", *Obras* 4, 56.

Conclusión

Ante la creciente influencia de la ciencia y la tecnología en el mundo moderno, a menudo vista con cierto recelo y temor, sobre todo, desde consideraciones religiosas, Teilhard nos presenta una visión cristiana positiva de las mismas. La ciencia nos ha descubierto la naturaleza de un universo enorme en evolución en el que han evolucionado la vida y la inteligencia, y la tecnología ha hecho posible el progreso humano aumentando y mejorando la calidad de vida y extendiéndola a toda la población humana. Desde el punto de vista cristiano, éste es el universo creado por Dios y en el que se ha encarnado y está presente Cristo. Según Teilhard, la evolución continúa siguiendo la dirección de la materia al espíritu y progresa a nivel humano, en gran parte gracias a la ciencia y la tecnología, para converger finalmente por su atracción en un Punto Omega que es el propio Cristo. De este modo, la cosmogénesis de la evolución se convierte en una cristogénesis. La ciencia y la tecnología son, por tanto, elementos importantes en el proceso que Teilhard llama "cristificar" el mundo hacia su convergencia final en Cristo al final de los tiempos.

www.ingramcontent.com/pod-product-compliance
Lightning Source LLC
Chambersburg PA
CBHW070048070426
42449CB00012BA/3185